BEI GRIN MACHT SICH IHR WISSEN BEZAHLT

- Wir veröffentlichen Ihre Hausarbeit, Bachelor- und Masterarbeit

- Ihr eigenes eBook und Buch - weltweit in allen wichtigen Shops

- Verdienen Sie an jedem Verkauf

Jetzt bei www.GRIN.com hochladen und kostenlos publizieren

Kai Blume

Carbon Capture and Storage - Eine Option für Deutschland?

GRIN Verlag

Bibliografische Information der Deutschen Nationalbibliothek:

Die Deutsche Bibliothek verzeichnet diese Publikation in der Deutschen National-
bibliografie; detaillierte bibliografische Daten sind im Internet über http://dnb.d-
nb.de/ abrufbar.

Impressum:

Copyright © 2010 GRIN Verlag GmbH
Druck und Bindung: Books on Demand GmbH, Norderstedt Germany
ISBN: 978-3-640-72394-2

Dieses Buch bei GRIN:

http://www.grin.com/de/e-book/158793/carbon-capture-and-storage-eine-option-
fuer-deutschland

Wirtschafts- und Sozialwissenschaftliche Fakultät
der Christian-Albrechts-Universität zu Kiel

Carbon Capture and Storage – Eine Option für Deutschland?

Seminararbeit zur Umweltökonomie: Geoengeneering –
Eine Option für die Klimapolitik?

Institut für Volkswirtschaftslehre
Juniorprofessur für Umwelt- und Ressourcenökonomik

Kai Blume

Studiengang: Betriebswirtschaftslehre
Abgabetermin: 09. April 2010

INHALTSVERZEICHNIS

ABBILDUNGSVERZEICHNIS 3

TABELLENVERZEICHNIS 4

ABKÜRZUNGSVERZEICHNIS 5

1. EINFÜHRUNG 6

2. CARBON CAPTURE AND STORAGE – DIE TECHNOLOGIE IM FOKUS 7

    2.1. WAS IST CARBON CAPTURE AND STORAGE? 7

    2.2. STATUS QUO UND POTENTIALE DER TECHNOLOGIE 7

    2.3. RISIKEN UND UMWELTAUSWIRKUNGEN 9

    2.4 ERFOLGSVORAUSSETZUNGEN 11

3. CARBON CAPTURE AND STORAGE – EINE ÖKONOMISCHE ANALYSE 12

    3.1. CO_2 -MINDERUNGSPOTENTIAL VON CARBON CAPTURE AND STORAGE 12

    3.2. KOSTEN VON CARBON CAPTURE AND STORAGE 13

    3.3. KÜNFTIGE ENTWICKLUNG VON CARBON CAPTURE AND STORAGE 15

4. CARBON CAPTURE AND STORAGE IN DEUTSCHLAND 16

    4.1. POTENTIAL FÜR DEUTSCHLAND 16

    4.2. PILOT- UND DEMONSTRATIONSPROJEKTE 18

    4.3. RECHTSRAHMEN UND MAßNAHMEN DER BUNDESREGIERUNG 18

5. KRITISCHE WÜRDIGUNG 19

6. FAZIT 21

ANHANG 23

LITERATURVERZEICHNIS 32

ABBILDUNGSVERZEICHNIS

Abbildung 1: Schematische Darstellung eines möglichen CCS Systems 24

Abbildung 2: Nettoeffekt der CO_2 Vermeidung durch CCS Kraftwerke 24

Abbildung 3: Verfahren zur CO_2 Abschneidung 26

Abbildung 4: Entwicklung des globalen CO_2 Ausstoßes bis zum Jahr 2100 in Abhängigkeit von demographischem Wandel und wirtschaftlicher Entwicklung 27

Abbildung 5: Globales Entwicklungspotential von CCS-Systemen bei der CO_2 Vermeidung 30

TABELLENVERZEICHNIS

Tabelle 1: Großtechnische Anlagen mit der Möglichkeit der Integration von CCS, weltweite

Aktivität und jährliche CO_2 Emissionen in Mio. t pro Jahr 23

Tabelle 2: Einsatzmöglichkeiten der CCS- Technologie und Stand der Entwicklung 25

Tabelle 3: Momente die eine Durchsetzung von CCS beeinflussen 27

Tabelle 4: Übersicht unterschiedlicher Kraftwerksperformance und Kosten bei CO_2 Abschnei-

dung 29

Tabelle 5: Übersicht der Kosten des gesamten CCS Systems bei unterschiedlichen Kraftwerken 30

Abb.	Abbildung
BMBF	Bundesministerium für Bildung und Forschung
BMWi	Bundesministerium für Wirtschaft und Technologie
BMU	Bundesministerium für Umwelt, Naturschutz und Reaktorsicherheit
Bspw.	Beispielsweise
Bzgl.	Bezüglich
C	Kohlenstoff
°C	Grad Celsius
ca.	cirka
CCS	Carbon Capture and Storage
CO2	Kohlenstoffdioxid
EGR	Enhanced Gas Recovery
EOR	Enhanced Oil Recovery
FuE	Forschung und Entwicklung
GFZ	GeoForschungsZentrum Potsdam
Gt	Gigatonnen
IGCC	Integrated Gasification Combined Cycle Kraftwerk
IPCC	Intergovernmental Panel on Climate Change
Kap.	Kapitel
mind.	mindestens
Mio.	Millionen
Mrd.	Milliarden
MW	Megawatt
NGCC	Natural Gas Combined Cycle Kraftwerk
p.a.	per annum
ppmv	part per million by volume
t	Tonne
Tab.	Tabelle
u. a.	unter anderem
z.B.	Zum Beispiel

1. EINFÜHRUNG

Die steigende Konzentration an CO_2 in der Atmosphäre der Erde beschleunigt den Temperaturanstieg und gefährdet unseren Planeten. Ein Großteil des CO_2 Ausstoßes ist vom Menschen verursacht. Eine Minderung der CO_2 Emissionen ist zwingend notwendig, um die Erwärmung der Erde einzudämmen.[1] Die Erreichung des Klimaziels, die Erderwärmung bis zum Jahr 2100 auf 2 °C gegenüber der vorindustriellen Zeit zu begrenzen, muss von den Staaten der Erde gemeinsam verfolgt werden.[2] In Deutschland und Europa wird bspw. eine Reduzierung der CO_2 Emissionen von 30 % verglichen mit dem Jahr 1990 angestrebt.[3]

Das Reduzierungsziel kann nur durch mehrere parallele Maßnahmen erreicht werden. Die Steigerung der Energieeffizienz bei der Erzeugung, eine Verringerung des Energiebedarfs und dem Ausbau bestehender und dem Einsatz neuer, CO_2 armer Technologien.[4]

Eine neuartige Technologie mit verminderten CO_2 Emissionen ist Carbon Capture and Storage (CCS).[5] Fossile Energieträger dominieren weltweit bei der Energieerzeugung und sind für 75% des vom Menschen gemachten CO_2 Ausstoßes verantwortlich.[6] Zudem steigen die Emissionen proportional mit dem Bevölkerungs- und Wirtschaftswachstum.[7] Die CCS-Technologie verspricht die Nutzung von fossilen Energieträgern mit verminderten CO_2 Emissionen.[8] Die CCS-Technologie ermöglicht es, das CO_2 im Rahmen des Energieerzeugungsprozesses abzuschneiden[9] oder gar das vorhandene CO_2 in der Atmosphäre aufzufangen[10] und sicher unterhalb der Erdoberfläche zu verwahren.[11]

Im Folgenden soll untersucht werden, welches technologische Potential mit welchen verbundenen Risiken und Umweltauswirkungen Carbon Capture and Storage bietet und welche Voraussetzungen für eine Einführung der Technologie notwendig sind (Kap. 2). Anschließend wird aus ökonomischer Perspektive untersucht, wie sich CCS entwickeln kann und zu welchen Kosten sich die Technologie gegenüber anderen Alternativen durchsetzen kann (Kap. 3). In Kapitel 4 wird dann das Potential der CCS-Technologie speziell für Deutschland untersucht. Der Fokus liegt hier insbesondere auf den Einsatzmöglichkeiten und der Marktdurchdringung. Abschließend wird das Potential Technologie zur Minderung der CO_2 Emissionen vor dem Hintergrund der Umweltauswirkungen, Sicherheit und Wirtschaftlichkeit kritisch gewürdigt.

---

[1] Vgl. BMWi, BMU, BMBF (2007), S. 2.
[2] Vgl. Fischedick et. al. (2007), S. 7.
[3] Vgl. BMWi, BMU, BMBF (2007), S. 2.
[4] Vgl. BMWi, BMU, BMBF (2007), S. 2 sowie IPCC (2005), S. 53.
[5] Vgl. IPCC (2005), S. 53.
[6] Vgl. IPCC (2005), S. 55.
[7] Vgl. IPCC (2005), S. 56f.
[8] Vgl. Praetorius/ Schumacher (2008), S. 1.
[9] Vgl. Grünwald (2008), S. 7.
[10] Vgl. Lontzek/ Rickels (2008), S. 3
[11] Vgl. Grünwald (2008), S. 7.

2. CARBON CAPTURE AND STORAGE – DIE TECHNOLOGIE IM FOKUS

2.1. Was ist Carbon Capture and Storage?

Durch Carbon Capture and Storage (CCS), ist es prinzipiell möglich, CO_2 beim Energieerzeugungsprozess[12] abzuschneiden und außerhalb der Atmosphäre dauerhaft einzulagern.[13] Der Prozess beim CCS besteht aus drei Schritten. Der Abtrennung des CO_2, dem Transport zu einer geeigneten Lagerstätte und der Einlagerung unterhalb der Erdoberfläche.[14] Aufgrund der zur Abtrennung notwendigen großtechnischen Anlagen ist CCS zunächst nur bei großen industriellen Anlagen sinnvoll einsetzbar.[15] Diese großtechnischen Anlagen (siehe Tab. 1) ermöglichen den Einsatz von CCS zum abfangen großer Mengen an CO_2 direkt am Entstehungsort.[16] Nachdem das CO_2 abgetrennt, aufgefangen und komprimiert ist, wird es zur Einlagerung in geologischen Formationen, dem Ozean[17] oder zur weiteren industriellen Nutzung transportiert.[18] Zu beachten ist, dass die Verfahren zur Abschneidung, dem Transport und der Einlagerung Energie benötigen und eine 100%-ige langfristige Speicherung nicht möglich ist, sodass die CO_2 Vermeidung als Nettoeffekt betrachtet werden muss.[19] Mit denen sich derzeitig in der Forschung und Entwicklung befindlichen Verfahren ist eine Vermeidung bzw. Verringerung des CO_2 Ausstoßes von 67-78% möglich.[20] CCS ist derzeit eine Zukunftsoption und die einzelnen Prozesselemente befinden sich in der Forschungs-, Entwicklungs- und Demonstrationsphase.[21] Der Stand der technologischen Entwicklung und möglicher Beitrag zur Erreichung des Klimaziels soll im folgenden Abschnitt dargestellt werden.

2.2. Status Quo und Potentiale der Technologie

Die Abschneidung und Einlagerung von CO_2 ist momentan nur bei großtechnischen Anlagen sinnvoll.[22] Hierfür kommen in erster Linie Kraftwerke und Industrieanlagen bei denen große Mengen an CO_2 freigesetzt werden (Herstellung von Amoniak oder Zement) in frage. Zudem ist

---

[12] Von einer direkten Abschneidung bzw. Absorption aus der Atmosphäre soll in dieser Arbeit aufgrund der schwierigen technischen Machbarkeit abgesehen werden, vgl. IPCC (2005): S. 108.
[13] Vgl. IPCC (2005), S. 3.
[14] Vgl. Grünwald (2008), S. 7.
[15] Vgl. IPCC (2005), S. 3 sowie Fischedick et. al. (2007), S. 11.
[16] Vgl. Fischedick et. al. (2007), S. 11.
[17] Die Einlagerung im Ozean in oberen Wasserschichten oder der Tiefsee wird zwar vom IPCC diskutiert (vgl. IPCC (2005), S. 279ff.), ist aber als Speicheroption für Deutschland von der Bundesregierung aus ökologischen Gründen ausgeschlossen (vgl. BMWi, BMU, BMBF (2007), S. 9) und führt auch zu enormen Konfliktpotential auf der internationalen Rechtsebene (Vgl. Luhmann (2008), S. 144ff.), sodass diese Möglichkeit der Einlagerung im folgenden nicht weiter betrachtet werden soll.
[18] Vgl. IPCC (2005), S. 3. Für einen grafischen Überblick des CCS-Systems siehe Abb. 1 im Anhang.
[19] Vgl. IPCC (2005), S. 4. Für einen grafischen Vergleich des Nettoeffekts siehe Abb. 2 im Anhang.
[20] Vgl. RECCS (2007), S. 30.
[21] Vgl. BMWi, BMU, BMBF (2007), S. 5. Für eine Übersicht der Einsatzmöglichkeiten und der Entwicklungsphase siehe Tab. 2 im Anhang.
[22] Vgl. Fischedick et. al. (2007), S. 11.

der Einsatz bei der Energieerzeugung über Biomasse denkbar.[23] Im Rahmen dieser Arbeit beschränkt sich die Betrachtung von CCS auf den Einsatz im Kraftwerksbereich, da dort gegenwärtig das größte Einsatzpotential besteht.[24]

Das CCS Verfahren kann in drei Prozessschritte, Abschneidung, Transport und Einlagerung unterteilt werden.[25] Der aufwendigste Prozessabschnitt ist die Abschneidung, denn das Abtrennen des CO_2 ist energieintensiv[26] und somit ein bedeutender Kostenfaktor.[27] Die Abtrennung des CO_2 kann nach der Verbrennung über die Rauchgaswäsche (*Post-Combustion*), vor der Verbrennung (*Pre-Combustion*) oder über die Verbrennung von Kohle mit reinem Sauerstoff (*Oxyfuel-Verfahren*) erfolgen.[28] Die Rauchgaswäsche ist zwar die am weitesten ausgereifte aber zugleich auch verhältnismäßig teure und energieintensive Variante der CO_2 Abtrennung, die zudem viel Platz benötigt. Sie eignet sich aber auch prinzipiell zur Nachrüstung bei konventionellen Kraftwerken.[29] Das *Pre-Combustion*-Verfahren ist technologisch noch nicht so weit entwickelt wie die Rauchgaswäsche, bietet allerdings eine höhere Flexibilität im Einsatz in Kraftwerken. Es kann bspw. in Kohle- oder Gaskraftwerken mit integrierter Vergasung (IGCC, NGCC) eingesetzt werden.[30] Daneben können bei der Feststoffvergasung wie bei Kohle auch Biomasse oder Sonderbrennstoffe bei diesem Verfahren eingesetzt werden.[31] Beim Oxyfuel-Verfahren wird bei der Verbrennung fast reiner Sauerstoff verwendet, wodurch die CO_2 Konzentration im Abgas deutlich erhöht wird (über 70%), wodurch die Abschneidung des CO_2 erleichtert wird.[32] Dieses Verfahren arbeitet jedoch mit hohen Temperaturen und somit bestehen hohe Ansprüche an das Material der Kraftwerkselemente. Zudem erhöht der hohe Energieverbrauch bei der Sauerstoffherstellung die Kosten deutlich.[33] Eine grafische Übersicht zu den Verfahren zur Abschneidung bietet Abb. 3.

Das *IPCC* geht davon aus, dass im Jahr 2050 ca. 20-40% der globalen, durch fossile Energieträger verursachten, CO_2 Emissionen technisch aufgefangen werden können.[34]

Nachdem das CO_2 bei der Erzeugung abgetrennt und gegebenenfalls zwischengelagert wurde, muss es zur Endlagerung transportiert werden. Hierfür kommt aus heutiger Sicht unter ökonomischen und ökologischen Aspekten nur ein Transport in Pipelines und Tankschiffen in Betracht.[35]

---

[23] Vgl. Grünwald (2008), S. 23.
[24] Vgl. BMWi, BMU, BMBF (2007), S. 5.
[25] Vgl. Grünwald (2008), S. 24.
[26] Vgl. Hanke/ Schüwer, S. 111.
[27] Vgl. IPCC (2005), S. 341.
[28] Vgl. Fischedick et. al. (2007), S. 12
[29] Vgl. Fischedick et. al. (2007), S. 12
[30] Vgl. Fischedick et. al. (2007), S. 13.
[31] Vgl. Fischedick et. al. (2007), S. 13.
[32] Vgl. Grünwald (2008), S. 28.
[33] Vgl. Grünwald (2008), S. 28.
[34] Vgl. IPCC (2005), S. 9.
[35] Vgl. Fischedick et. al. (2007), S. 14. Für eine weiterführende Diskussion zum Transport wird auf IPCC (2005), S. 179-193 verwiesen.

Für die Speicherung des CO_2 kommen in erster Linie geologische Formationen in Frage, wie z.B. leere Öl- und Gasfelder, saline Aquifere[36] sowie tiefe Kohelflöze.[37] Eine Besonderheit der geologischen Speicherung ist das sog. Enhanced Oil Recovery (EOR), bei dem das CO_2 in Ölfelder gepresst wird, um über den erhöhten Druck mehr Öl fördern zu können. Über EOR lässt sich dem CO_2 eine direkter ökonomischer Nutzen zuordnen und das Verfahren gilt deshalb als Einstiegsoption für die Speicherung.[38] Eine Speicherung im Ozean wird ebenfalls diskutiert, jedoch sind die Kenntnisse über mögliche Umweltauswirkungen noch nicht genügend erforscht, sodass diese Speicheroption für die meisten Länder noch nicht in Frage kommt.[39]

Inwiefern CCS als komplettes System Anwendung finden kann und ökonomisch sinnvoll ist, hängt von den einzelnen Komponenten des Systems (Abschneidung, Transport und Lagerung) sowie deren technologischen Entwicklung ab.[40]

Bisherige Erfahrungen mit der Technologie in großtechnischen Anlagen wurden in den USA seit den 1970er Jahren und Kanada seit dem Jahr 2000 vor allem mit EOR zur verbesserten Ölförderung gemacht. In Europa existiert seit 1996 im Sleiper-Erdgasfeld in Norwegen ein Speicherprojekt, indem jährlich ca. 1 Mio. t CO_2 im offshore Erdgasfeld eingespeichert werden.[41]

Das grundsätzliche Potential der Technologie besteht in dem wesentlichen Beitrag zum Klimaschutz, wenn ausreichend geeignete Lagerstätten zur Verfügung stehen und unter rechtlichen, politischen und vor allem ökonomischen Gesichtspunkten genutzt werden können.[42]

Welche Risiken in der Technologie stecken und welche Umweltauswirkungen dadurch hervorgerufen werden können, soll im folgenden Abschnitt untersucht werden.

2.3. Risiken und Umweltauswirkungen

Das Potential Emissionen zu mindern[43] hat jedoch auch Nachteile. Bspw. durch eine erhöhten Mehrbedarf an Ressourcen,[44] der auf eine verminderte Kraftwerkseffizienz und einen erhöhten Energiebedarf bei der Abschneidung, dem Transport und der Speicherung zurückzuführen ist (Energy Penalty).[45] Neben den Nachteilen ist jedoch das am häufigsten diskutierte Risiko, das an einer Stelle im CCS-System CO_2 austritt (Leakage).[46] Zum einen kann Leakage die lokale Umwelt beeinträchtigen, wenn an den technischen Anlagen, den Transportsystemen oder den Lager-

---

[36] sind tiefliegende unterirdische Sandsteinschichten, die wie ein Schwamm über Poren verfügen. In diesen Poren ist stark mineralhaltiges Wasser (die sog. „Sole") enthalten. Eine weitere Besonderheit: Viele saline Aquifere sind von kompakten Schichten aus Salz oder Ton umschlossen und so für Gas undurchlässig. Ab einer Tiefe von mindestens 800 Metern kommen Sie deshalb für die dauerhaft sichere Speicherung von CO2 in Frage, vgl. Vattenfall (2010).
[37] Vgl. Fischedick et. al. (2007), S. 15.
[38] Vgl. Fischedick et. al. (2007), S. 15f.
[39] Vgl. Fischedick et. al. (2007), S. 15f.
[40] Vgl. IPCC (2005), S. 8
[41] Vgl. Fischedick et. al. (2007), S. 18.
[42] Vgl. Grünwald (2008), S. 10.
[43] Vgl. BMU (2007), S. 24.
[44] Vgl. BMU (2007), S. 24.
[45] Vgl. Praetorius/ Schumacher (2008), S. 6.
[46] Vgl. Praetorius/ Schumacher (2008), S. 6.

stätten CO_2 entweicht.[47] Zum anderen kann Leakage die Erreichung des Klimaziels gefährden, da das sorgfältig abgetrennte CO_2 wieder diffundiert.[48] CO_2 ist nicht direkt gefährlich, denn es ist als Gas in der Atmosphäre enthalten. Jedoch in hoher Konzentration verdrängt es den Sauerstoff der Luft in Bodennähe. Diese hohe Konzentration kann bei Menschen und Tieren zur Erstickung führen.[49] Die Maßnahmen und Kontrollen der technischen Anlagen und Transportsysteme gelten jedoch als ausreichend sicher.[50] Das größte Problem durch Leakage bezieht sich demnach auf die Lagerstätten.[51] Eine nicht langfristige Lagerung des CO_2 vermindert nicht nur das CO_2-Minderungspotential des gesamten CCS-Systems[52], sondern erhöht zugleich die Grenzkosten zur Rentabilität Gesamtsystems.[53] Die langfristige Speicherung von CO_2 ist also essentiell für eine ökologische und ökonomische Vorteilhaftigkeit von CCS.

Welcher Zeitraum „langfristig" ist und damit ausreicht, um tatsächlich zu einer Minderung der CO_2 Konzentration in der Atmosphäre beitragen zu können, ist noch umstritten. Diskutiert werden meist Zeiträume von 1.000 bis 10.000 Jahren.[54]

Zu einer Minderung des Leakage Risikos müssen die Lagerstätten sorgfältig ausgewählt werden und Maßnahmen zur Überwachung ergriffen werden.[55] Die Überwachung muss an die Eigenschaften der Lagerstätte angepasst werden. Untersuchungen zu Kosten der Überwachungen über einen Zeitraum von 1000 Jahren gehen von 0,05 US-$ bis 0,31 US-$/ t CO_2 je nach Intensität der Überwachung und den Kapitalkosten aus.[56]

Weitere Risiken auf lokaler Ebene können darin bestehen, dass es zu geologischen Strukturverschiebungen kommt, wodurch es zu kleine Erdbeben kommen kann,[57] die aber bei sorgfältig ausgewählten Speicherstandorten nicht zu erwarten sind.[58] Zudem muss die Auswahl des Speicherstandortes unter Berücksichtigung einer möglichen Beeinträchtigung des Grundwassers erfolgen.[59]

---

[47] Vgl. Grünwald (2008), S. 10f.

[48] Vgl. Grünwald (2008), S. 45.

[49] Vgl. Sinn (2008), S. 301 sowie IPCC (2005), S. 13.

[50] Vgl. Grünwald (2008), S. 10f.

[51] Vgl. Grünwald (2008), S. 11. Das IPCC hält bspw. eine verbleibende Menge CO_2 von 99% in ausgewählten Speicherstätten nach 100 Jahren für höchstwahrscheinlich (90%) und nach 1000 Jahren für wahrscheinlich (66%), vgl. IPCC (2005), S. 66. Die Bundesregierung diskutiert über eine zulässige Leakage-Rate von 0,01% p.a., diese würde einer verbleibenden Menge CO_2 von 90,5% nach 1000 Jahren entsprechen, vgl. Fischedick et. al. (2007), S. 21.

[52] Vgl. IPCC (2005), S. 14.

[53] Vgl. Ha-Duong/ Keith (2003), Van der Zwaan/ Gerlagh (2008).

[54] Vgl. Grünwald (2008), S. 11.

[55] Vgl. Grünwald (2008), S. 47. Das Thema der Überwachung ist eng mit Haftungsfragen, einer gesellschaftlichen Aktzeptanz und vor allem der Regulierung, verbunden, vgl. Grünwald (2008), S. 47.

[56] Vgl. Benson et. al. (2004). Im Vergleich gibt das IPCC insgesamt Bandbreiten von 0,05 – 0,85 US-$ / t CO_2 aus (vgl. IPCC (2005), S. 263). Für mögliche Verfahren zur Überwachung, wie Messungen oder chemische Analysen wird auf IPCC (2005), S. 234-242 verwiesen.

[57] Vgl. Praetorius/ Schumacher (2008), S. 7.

[58] Vgl. BMWi, BMU, BMBF (2007), S. 13.

[59] Vgl. BMWi, BMU, BMBF (2007), S. 12.

Für den erfolgreichen Einsatz von CCS und Nutzung des Potentials zur CO_2 Reduktion sind Maßnahmen auf rechtlicher, regulatorischer und politischer Ebene zu ergreifen, um Risiken für die Umwelt und den Menschen zu minimieren.

2.4 Erfolgsvoraussetzungen

Neben der Auswahl geeigneter Speicherstätten und einer entsprechenden Risikoanalyse und eines Risikomangements um das Leakagerisiko zu verringern,[60] bedarf CCS für eine erfolgreiche Durchsetzung einem rechtlichen und politischen Rahmen. Bislang steht weder auf nationaler noch auf internationaler Ebene ein spezifisches Regelwerk, das die gesamte Prozesskette erfasst, zu Verfügung.[61] Ausnahmen bilden Regelungen zu EOR und einiger nationaler Forschungsprojekte.[62] Auf EU Ebene bspw. ist die geologische Speicherung noch gar nicht genehmigungsfähig, jedoch ist mit dem Erlass der CCS-Richtlinie im Dezember 2008 ein erster Schritt zu einem Rechtsrahmen für CCS auf europäischer Ebene unternommen worden.[63]

Wichtige Fragestellungen die noch von der Gesetzgebung zu klären sind, sind bspw., ob CO_2 als Schadstoff oder Abfall einzustufen ist, wem das gespeicherte CO_2 besitzrechtlich gehört, wer eine langfristige Überwachung übernimmt, wer bei eventuellen Unfällen haftet und den Menschen bzw. die Umwelt vor Risiken absichert.[64] Die Klärung dieser Fragestellungen ist nicht nur allein von den nationalen Gesetzgebern abhängig, sondern erfordert eine internationale Kooperation. Dies ist nicht allein darauf zurückzuführen, dass in einem CCS-System die CO_2 Erzeugung und Lagerung auf verschiedene Staaten entfallen kann.[65]

Ebenso ist eine öffentliche Akzeptanz der Technologie für eine Durchsetzung entscheidend. Insbesondere in Deutschland ist das Umweltbewusstsein relativ hoch.[66] Es ist also notwendig die Bevölkerung in vollem Umfang über die CCS-Technologie aufzuklären.[67] Darüberhinaus hängt das Meinungsbild in der Öffentlichkeit in Starkem Maße davon ab, auf welche Weise einer informierenden Institution geglaubt wird. Vertraut die Bevölkerung bspw. auf die Erfahrung und die Expertise der Institution, ist die Wahrnehmung von Nutzen und Risiken und somit eine mögliche Akzeptanz von CCS deutlich höher, als wenn die Bevölkerung bspw. auf die Ehrlichkeit, Offen-

---

[60] Vgl. Fischedick et. al. (2007), S. 20f.
[61] Vgl. BMWi, BMU, BMBF (2007), S. 15.
[62] Vgl. Hanke/ Schüwer (2007), S. 113
[63] Vgl. Fischer (2009), S. 8 und 12.
[64] Vgl. Hanke/ Schüwer (2007), S. 113.
[65] Vgl. IPCC (2005), S. 69. Wichtige internationale Abkommen wie bspw. das London-Protokoll oder die OSPAR-Konvention müssten an eine mögliche Speicherung von CO_2 angepasst werden. Eine Öffnung der Abkommen bzgl. der Speicherung ist bereits 2007 geschehen, vgl. Hanke/ Schüwer (2007), S. 113 sowie BMWi, BMU, BMBF (2007), S. 18.
[66] Vgl. Hanke/ Schüwer (2007), S. 113.
[67] Vgl. BMWi, BMU, BMBF (2007), S. 18.

heit und Besorgnis der Institution vertraut.[68] In Deutschland haben u.a. Umweltverbände großen Einfluss auf die Meinungsbildung der Bevölkerung.[69]

Als weitere Voraussetzung für den Erfolg wird die Integration von CCS in bestehende Klimaabkommen wie das Kyoto-Protokoll gesehen. Vor allem wie die CO_2 Vermeidung den einzelnen Ländern hinzugerechnet wird und zu ihrer CO_2 Bilanz beiträgt.[70] Neben den rechtlichen, regulatorischen und politischen Voraussetzungen ist jedoch für den Erfolg von CCS ebenso entscheidend, dass das CCS-System ökonomisch tragbar ist.[71] Das bedeutet, dass zum einen die höheren Investitions- und Energiekosten von den eingesparten Kosten aus der Vermeidung der Emission von CO_2 mindestens gedeckt sind[72] und dass die Technologie gegenüber anderen Optionen zur CO_2 Vermeidung wettbewerbsfähig ist.[73]

Der Aspekt der Wirtschaftlichkeit von CCS unter Berücksichtigung eines möglichen Beitrags zur Senkung der CO_2 Emissionen soll im folgenden Kapitel untersucht werden.

3. CARBON CAPTURE AND STORAGE – EINE ÖKONOMISCHE ANALYSE

3.1. CO_2 -Minderungspotential von Carbon Capture and Storage

Für eine Analyse der möglichen Durchsetzung von CCS und einer Untersuchung der Kosten, ist es zunächst von Bedeutung, das CO_2 Senkungspotential durch die CCS-Technologie darzustellen. Das gesamte Potential der CCS-Technologie hängt weitestgehend von potentiellen Speichermöglichkeiten und -kapazitäten ab.[74] Die weltweiten Speicherpotentiale wurden im Jahr 2004 auf eine Bandbreite von 476 - 5880 Gt CO_2 geschätzt.[75] Das IPCC beziffert das gesamte Potential sogar auf 1678 - 11000 Gt CO_2.[76] Die mit einer Wahrscheinlichkeit von 66-90% globale technisch nutzbare Kapazität wird auf ca. 2000 Gt CO_2 in geologischen Formationen geschätzt.[77] Verglichen mit dem globalen CO_2 Ausstoß im Jahr 2005 von ca. 27,3 Gt CO_2 besteht durchaus ein Potential für die Technologie. In Europa werden die Kapazitäten auf 36 - 285 Gt CO_2 geschätzt.[78] Es ist jedoch darauf hinzuweisen, dass die Speicherkapazitäten begrenzt sind und somit auch der Beitrag zur Lösung des Klimaproblems Grenzen hat.[79]

---

[68] Vgl. Terwel et. al (2009)

[69] Vgl. Hanke/ Schüwer (2007), S. 113.

[70] Vgl. IPCC (2005), S. 365. Für eine ausführliche Darstellung wird auf IPCC (2005), S. 365-378 verwiesen. Zusätzlich analysieren Bakker et. al. (2009) eine mögliche Integration von CCS-Systemen in den Clean Development Mechanism des Kyoto Protokolls.

[71] Vgl. Fischedick et.al. (2007), S. 21.

[72] Vgl. Fischer (2009), S. 8

[73] Vgl. Hanke/ Schüwer (2007), S. 92. Verschiedene Momente, die eine Durchsetzung von CCS fördern, hemmen, oder gar verhindern können sind im Anhang in Tab. 3 aufgeführt.

[74] Vgl. Grünwald (2008), S. 39.

[75] Vgl. RECCS (2007), S. 28.

[76] Vgl. IPCC (2005), gefunden in Fischdick et. al. (2007), S. 16.

[77] Vgl. IPCC (2005), S. 12.

[78] Vgl. Hendriks et. al. (2004).

[79] Vgl. RECCS (2007), S. 28.

Der Beitrag, den die CCS Technologie zu einer Abmilderung des Klimawandels beitragen kann hängt, neben den begrenzten Speichermöglichkeiten, stark von den Kosten der Technologie ab, denn diese bestimmen den Umfang und die Geschwindigkeit der Durchsetzung von CCS.

3.2. Kosten von Carbon Capture and Storage

Ausschlaggebend für die Kosten von CCS-Systemen sind die Wirkungsgradverluste und der erhöhte Energieaufwand (Energy Penalty) sowie der Grad eines potentiellen Leakage.[80]

Die Kosten eines CCS-Systems werden grundsätzlich vom Abschneideprozess dominiert.[81] Die Kosten der Abschneidung sind jeweils individuell für jede Kraftwerksart zu ermitteln, da der Energiemehraufwand, der Wirkungsgradverlust und die Kosten der Primärenergie je nach Art des Kraftwerks unterschiedlich sind.[82] Wesentlich für die weitere Untersuchung sind die Kosten, die ein Kraftwerk zur Vermeidung von CO_2 verursacht. Das IPCC gibt als Vermeidungskosten bei den derzeitig verfügbaren Kraftwerkstechnologien (Siehe Kap. 2.2) bei Neuerrichtung eine Bandbreite von 11- 57 US-$/ t CO_2 an (siehe Tab. 4). Erweitert man die Vermeidungskosten um mögliche Kosten des Transports und geologischer Speicherung, erhöht sich die Bandbreite auf 14-91 US-$ / t CO_2.[83] Die höchsten Vermeidungskosten die vom *IPCC* im Jahr 2005 festgestellt wurden, hat ein Gaskraftwerk mit interner Vergasung (NGCC). *Rubin et. al.* haben im Jahr 2007 erneut eine Studie zu Kraftwerkskosten mit CCS durchgeführt. Diese Studie bestätigte die Untersuchungen des *IPCC*, dass Gaskraftwerke mit integrierter Vergasung und CCS die höchsten Vermeidungskosten aufweisen.[84] Die Stromerzeugung aus Kohle erwies sich als relativ günstiger.[85] Zudem konnte festgestellt werden, dass CCS in Kohlekraftwerken wie z.B. bei integrierter Vergasung (IGCC) geringere Kosten aufweisen können, als ein derartiges Kraftwerk ohne CCS.[86] IGCC Kraftwerke weisen nach dem heutigen Stand der Technik in den meisten Szenarien, die unterschiedliche Kosteneinflüsse und limitierten CO_2 Ausstoß berücksichtigen, die höchste Rentabilität auf.[87]

Die oben genannten Bandbreiten beziehen sich auf Kraftwerke, die neu errichtet werden. Neben dem Neubau von Kraftwerken besteht ebenfalls die Möglichkeit, CCS bei bestehenden Kraftwerken „nachzurüsten", jedoch ist dies aufgrund der hohen Wirkungsgradverluste aus ökonomischen Gründen in den meisten Fällen nicht sinnvoll.[88] Es können aber geplante Kraftwerke als „Capture Ready" gestaltet werden, sodass CCS-Systeme relativ kostengünstig nachgerüstet werden können.

---

[80] Vgl. Praetorius/ Schumacher (2008), S. 8.
[81] Vgl. IPCC (2005), S. 341.
[82] Vgl. IPCC (2005). Für eine Übersicht siehe Tab. 4 im Anhang.
[83] Vgl. IPCC (2005), S. 347. Für eine Übersicht siehe Tab. 5 im Anhang.
[84] Vgl. Rubin et. al. (2007). Die Untersuchung berücksichtigte zusätzlich angestiegene Kapitalkosten und Gaspreise sowie Kraftwerksgröße und Brennstoffqualität (US-amerikanische Brennstoffqualitäten)
[85] Vgl. Edenhofer et. al. (2009), S. 3.
[86] Vgl. Rubin et. al. (2007), S. 4447.
[87] Lindner et. al. (2009), S. 2.
[88] Vgl. IPCC (2005), S. 10 sowie Praetorius/ Schumacher (2008), S. 8.

Allerdings entstehen beim Bau deutlich höhere Investitionskosten, als bei normalen Kraftwerken.[89]

Die derzeit einzige Nutzung von CCS mit teilweise positiven Vermeidungskosten ist die Integration von CCS beim EOR.[90] Dies ist hauptsächlich darauf zurückzuführen, dass das CO_2 bei der Ölförderung zur Erzielung von Einnahmen beiträgt und somit einen ökonomischen Nutzen hat.[91] Die gesamte Bandbreite der Vermeidungskosten von CCS-Systemen liegt dann bei -40 - 100 €/ tCO_2.[92]

Insgesamt wird jedoch davon ausgegangen, dass sich die absoluten Kraftwerkskosten, die zwar vom Kraftwerkstyp abhängen und von Land zu Land unterschiedlich sein können, durch FuE sowie Skaleneffekte in Zukunft noch gesenkt werden können.[93]

Leakage ist neben den Systemkomponenten von CCS ebenfalls ein bedeutender Einflussfaktor auf die Rentabilität der CCS-Technologie. *Ha-Duong und Keith* haben dazu bereits im Jahr 2003 versucht über ein mikroökonomisches Kosten-Nutzenmodell der Lagerstätte unter Leakage einen Wert zuordnen zu können. *Ha-Duong und Keith* halten eine Diffusionsrate von 0,1% p.a. für ausreichend um einen positiven Nutzen aus dem Speicherort ziehen zu können. Jedoch bereits eine 0,5% p.a. Leakage Rate sei dafür nicht ausreichend.[94] *Van der Zwaan und Gerlagh* haben unter Berücksichtigung der technologischen Veränderung in Makroökonomischen Modellen (Endogenous Growth Model) und einer Besteuerung von CO_2 die Rentabilität von CCS untersucht. Ihre Schlussfolgerung ist, dass selbst bei Diffusionsraten von 0,5-1% p.a. CCS Vermeidungskosten von 200 US-$/ tC (ca. 55 US-$/ tCO_2)[95] nicht wesentlich überschreiten würde. CCS bleibt demzufolge auch bei hohen Leakage Raten eine ökonomisch wertvolle Option.[96]

Die ökonomische Nutzbarkeit von CCS hängt in starkem Maße von den jeweiligen Kosten des Systems ab. Die gegenwärtig ökonomisch sinnvollste Einsetzbarkeit von CCS, abgesehen von EOR, ist im Kraftwerksbereich. Die durchschnittlich geringsten Vermeidungskosten verursacht ein IGCC Kraftwerk mit entsprechender Kraftwerksleistung[97] und einer geologischen Speicherstätte[98] zu der das CO_2 über eine maximal 250 km langes Onshore Pipeline transportiert werden sollte.[99]

---

[89] Vgl. Praetorius/ Schumacher (2008), S. 8.
[90] Vgl. IPCC (2005), S. 346f.
[91] Vgl. Fischedick et. al. (2007), S. 16.
[92] Vgl. Fischdick et. al. (2007), S. 21.
[93] Vgl. IPCC (2005), S. 10.
[94] Vgl. Ha-Duong/ Keith (2003).
[95] Umrechnung mit dem Faktor 3,667, dem Umrechnungsverhältnis von Kohlstoff zu Kohlendioxid, vgl. http://www.oekosystem-erde.de/html/kohlenstoffkreislauf.html.
[96] Vgl. Van der Zwaan/ Gerlagh (2008).
[97] Vgl. Lindner et. al. (2009), S. 18 sowie Grünwald (2008), S. 51. Anzumerken ist, dass sich die durchschnittlichen Vermeidungskosten auf die gesamte Lebensdauer des Kraftwerks (ca. 40 Jahre) beziehen, vgl. Lindner et. a. (2009), S. 19 sowie Grünwald (2008), S. 61.
[98] Vgl. McCoy (2004).
[99] Vgl. Grünwald (2008), S. 53.

Wie sich CCS unter den gegebenen Kostenstrukturen und dem begrenzten CO_2 Senkungspotential zukünftig entwickeln kann und welcher Beitrag zur Erreichung eines Stabilisierungsziels möglich ist, soll im nächsten Abschnitt dargestellt werden.

3.3. Künftige Entwicklung von Carbon Capture and Storage

Die zukünftige Entwicklung von CCS hängt zum einen stark von der Rentabilität der Kraftwerke
und zum anderen vom institutionellen Rahmen für CCS ab. Zudem ist die Entwicklung von CCS
– und anderer Technologien – vom Stabilisierungsziel (CO_2 Konzentration in der Atmosphäre)[100]
und den erwarteten Gesamtemissionen an CO_2 bis zum Jahr 2100[101] abhängig.[102]

Erste Analysen über eine mögliche Entwicklung wurden im Jahr 2005 vom *IPCC* zusammenge-
fasst. Demnach kann CCS bei Einführung ab der Mitte des Jahrhunderts einen wesentlichen Anteil[103] im Portfolio der CO_2 Verminderungsstrategien einnehmen.[104] Bis zu diesem Zeitpunkt
würden CCS Systeme nur eine kleine Nische im Energiesektor füllen und primär zum sammeln
von Erfahrungswerten dienen.[105]

Die relativ späte Entwicklung von CCS ist vor allem auf die technische Verfügbarkeit zurückzuführen. Es wird davon ausgegangen, dass die Technologie frühestens ab dem Jahr 2020 in großtechnischen Anlagen eingesetzt werden kann.[106] Zudem muss ein Anreiz für die Rentabilität der
CCS-Anlagen für Investoren und Kraftwerksbetreiber geschaffen werden.[107] Die zusätzlichen
Investitionskosten werden auf 350-440 Mrd. US-\$ in den nächsten 30 Jahren geschätzt.[108] Damit
sich CCS gegenüber Kraftwerken ohne CCS lohnt, wird in den meisten Untersuchungen eine Besteuerung oder Beschränkung des CO_2 Ausstoßes vorgeschlagen.[109] Ein berechenbarer und hoher
Preis für CO_2 ist eine Grundvoraussetzung für die Wettbewerbsfähigkeit von CCS.[110]

Narita untersuchte in diesem Zusammenhang die mögliche Entwicklung von CCS und kam zu
dem Schluss, dass sich CCS bereits bei einer CO_2 Steuer von 25 US-\$/ tCO_2 in der Mitte dieses
Jahrhunderts durchsetzen wird. Geht man aber z.B. von Kapitalkosten von Null aus, wird sich
CCS deutlich früher durchsetzen können.[111]

---

[100] Die meisten Zukunftsszenarien gehen von einer CO_2 Konzentration von 450 - 750 ppmv aus (vgl. IPCC (2005), S.
12) Das Ziel, die Klimaerwärmung auf 2°C bis zum Jahr 2100 gegenüber der vorindustriellen Zeit zu begrenzen würde
ca. einer Konzentration von 350 – 550 ppmv entsprechen (http://www.350.org/de/die-wissenschaftlichen-
hintergr%C3%BCnde-f%C3%BCr-350; http://www.euractiv.com/de/klimawandel/wissenschaftliche-erkenntnisse-
klimawandel/article-162917).
[101] Siehe Abb. 4 im Anhang.
[102] Vgl. IPCC (2005), S. 351ff.
[103] Solar- und Windenergie, Biomasse und Atomkraft werden trotzdem einen beträchtlichen Anteil des Energiebedarfs
decken.
[104] Vgl. IPCC (2005), S. 353. Siehe hierzu Abb. 5 im Anhang.
[105] Vgl. IPCC (2005), S. 356.
[106] Vgl. Fischdick et. al. (2007), S. 24.
[107] Vgl. Fischdick et. al. (2007), S. 25.
[108] Vgl. IPCC (2005), S. 358.
[109] Vgl. IPCC (2005), Praetorius/ Schumacher (2008), RECCS (2007) sowie Narita (2008).
[110] Vgl. Praetorius/ Schumacher (2008), S. 16.
[111] Vgl. Narita (2008).

Die Durchsetzung von CCS Systemen hängt allerdings nicht allein von den individuellen Kosten der Anlagen, der Rentabilität der Systeme durch Anreizwirkungen und dem CO_2 Senkungspotential ab, sondern auch von der Wettbewerbsfähigkeit der Technologie gegenüber anderen Technologien zur CO_2 Vermeidung,[112] wie erneuerbare Energien und Atomkraft.[113] *Aune et. al.* haben untersucht, wie sich Klimapolitik und Subventionen zugunsten von CCS durch auf internationale Energiepreise und Marktanteile auswirken könnten. Die Ergebnisse der Untersuchung zeigten, dass allein schon die Klimapolitik bedeutende Auswirkungen auf den Energiemarkt haben kann.

Somit würde eine CO_2 beschränkende Klimapolitik zu einem deutlichen Anstieg von regenerativen Energien und schließlich auch von CCS sowie einem leichten Anstieg von Erdgaskraftwerken (mit und ohne CCS) führen. Eine zusätzliche Subvention von CCS hätte kaum Folgen für die Entwicklung von erneuerbaren Energien.[114]

Ohne Subventionen könnte sich CCS auf dem europäischen Markt trotzdem dahingehend entwickeln, dass sämtliche Kohlekraftwerke ohne CCS durch Kraftwerke mit CCS ersetzt werden.[115]

Diese Analyse von *Golombek et. al.* setzt jedoch voraus, dass sich bei einer CO_2 Steuer von 90 US-\$/ tCO_2 im Jahr 2030 alle Kohlekraftwerke mit CCS rentabel sind. Gleichzeitig kommt es aber auch in diesem Szenario zu einer deutlichen Verringerung des Marktanteils der regenerativen Energien, verursacht durch relativ gesunkene Energieerzeugungspreise.[116]

Dem *IPCC* zu Folge ist es in den meisten Szenarien möglich, die Gesamtkosten der Stabilisierung der CO_2 Konzentration in der Atmosphäre um ca. 30% zu senken, wenn CCS als CO_2 Vermeidungsoption mit in das Portfolio der CO_2 Senkungsstrategien der Länder aufgenommen wird.[117]

Es hat sich in den vorherigen Kapiteln gezeigt, dass CCS durchaus zu einer Minderung der CO_2 Emissionen beitragen kann, wenn die Technologie durch institutionelle Anreize und Rahmenbedingungen wettbewerbsfähig ist und ausreichend Speicherpotential zu Verfügung steht.

Welches spezielle Potential hinter der CCS Technologie für Deutschland steckt, soll im Folgenden Kapitel untersucht werden.

4. CARBON CAPTURE AND STORAGE IN DEUTSCHLAND

4.1. Potential für Deutschland

Insbesondere in Ländern wie Deutschland, in der die Energieerzeugung von Kohle dominiert wird, könnte CCS eine Hoffnung sein, das Klima trotz Nutzung fossiler Energieträger zu schüt-

---

[112] Vgl. Grünwald (2008), S. 58f. sowie Praetorius/ Schumacher (2008), S. 12.
[113] Vgl. IPCC (2005), S. 358.
[114] Vgl. Aune et. al. (2009).
[115] Vgl. Golombek et. al. (2009), S. 19.
[116] Vgl. Golombek et. al. (2009), S. 19f.
[117] Vgl. IPCC (2005), S. 12.

zen.[118] CCS könnte in Deutschland dazu führen, dass die Öl- und Gasindustrie vom CO_2 zur verbesserten Ausschöpfung der Vorkommen profitiert und die Kohleindustrie eine Zukunft hat.[119] Besonders in Deutschland ist das begrenzte Speicherpotential von Bedeutung. Es liegt Schätzungen zu folge bei 19 bis 48 Gt CO_2. Damit liegt die statistische Reichweite der CO_2 Speicherung bei einem angenommenen Energiemehrverbrauch von 30% in Deutschland bei 28 bis 60 Jahren.[120] Die ungleiche geografische Verteilung zwischen den potentiellen Speichermöglichkeiten und Energieerzeugungsorten ist ebenfalls zu berücksichtigen.[121]

Zudem ist die Entwicklung von CCS in Deutschland von der Entwicklung der Zertifikatspreise für CO_2 Emissionen abhängig.[122]

Martinsen et. al. haben bereits 2006 einen Grenzpreis für die Vorteilhaftigkeit von CCS von 30 €/ tCO_2 über eine Optimierungsmodell ermittelt. Vorausgesetzt wurde, dass bis zum Jahr 2030 das Reduktionsziel von -35% gegenüber 1990 erreicht werden soll, die Technologie im Jahr 2020 mit ausreichender Speicherkapazität und Infrastruktur zur Verfügung steht, regionale Braunkohle verwendet wird und die Laufzeitverlängerung von Atomkraftwerken in Betracht gezogen wird.

Schumacher und Sands haben festgestellt, dass CCS bis zum Jahr 2050, bei steigenden CO_2 Preisen eine bedeutende Rolle in der CO_2 Senkungsstrategie einnehmen kann. Sie kommen zu der Schlussfolgerung, ähnlich wie bei internationalen Untersuchungen, dass ein Zertifikatspreis von 50 €/ tCO_2 für die Rentabilität von IGCC Kraftwerken ausreichend ist, die Nachrüstung bestehender Kraftwerke jedoch deutlich höhere CO_2 Preise für eine Wettbewerbsfähigkeit benötigt. Bei den Berechnungen wurden die Optionen der Energieeffizienz und der Wechsel zu anderen CO_2 armen Technologien zur Senkung des CO_2 Ausstoßes berücksichtigt.[123] *Praetorius und Schumacher* gehen ebenfalls frühestens von einer Verfügbarkeit der Technologie in großtechnischen Anlagen im Jahr 2020 aus.[124] Ihre Untersuchung zum Beitrag von CCS zur Senkung des CO_2 Ausstoßes unter Berücksichtigung von Energieeffizienzmaßnahmen und dem Übergang zu anderen CO_2 armen Technologien, ergab, dass CCS neben den beiden anderen Optionen bis zum Jahr 2040 einen zusätzlichen Beitrag zu Senkung des CO_2 Ausstoßes leisten kann.[125] Nach *Praetorius und Schumacher* erhöht sich aus theoretischer Sicht das Senkungspotential der CO_2 Emissionen in Deutschland bei Einführung der CCS Technologie, zusätzlich zu anderen Optionen.[126] Im Rahmen des *RECCS* wurde die Option CCS im Vergleich zu regenerativen Energien in Deutschland untersucht. Die Analyse ergab, dass eine maximale CCS-Strategie wenig sinnvoll

[118] Vgl. Hanke/ Schüwer (2007), S. 91.
[119] Vgl. Praetorius/ Schumacher (2008), S. 15.
[120] Vgl. Fischedick et. al. (2007), S. 16.
[121] Vgl. Fischedick et. al. (2007), S. 17.
[122] Vgl. Praetorius/ Schumacher (2008), S. 18.
[123] Vgl. Schumacher/ Sands (2009).
[124] Vgl. Praetorius/ Schumacher (2008), S. 19.
[125] Vgl. Praetorius/ Schumacher (2008), S. 23ff.
[126] Vgl. Praetorius/ Schumacher (2008), S. 25f.

erscheint, mittel- bis langfristig die Strategie auf erneuerbare Energien zu setzen volkswirtschaftlich und ökologisch die günstigste Strategie ist und CCS höchstens als Brückentechnologie als zusätzliche Klimaschutzoption zur Verfügung stehen könnte.[127]

4.2. Pilot- und Demonstrationsprojekte

Zur Erforschung und Erprobung der konkreten Umsetzbarkeit von CCS in Deutschland, der Klärung von Fragen in Bezug auf die technische Verfügbarkeit, die Wirtschaftlichkeit, der öffentlichen Akzeptanz und der rechtlichen Rahmenbedingungen, sind zur Zeit verschiedene Pilot- und Demonstrationsprojekte im Bau.[128] Ziel der Pilot- und Demonstrationsprojekte ist es, das Verfahren so zu optimieren, dass die zusätzlichen Kosten bei der Stromerzeugung durch CCS in der gesamten Prozesskette auf 20 € / tCO_2 begrenzt werden können.[129]

In Deutschland entsteht gegenwärtig eine Pilotanlage zum Oxyfuel- Verfahren (Schwarze Pumpe), ein Vorhaben von Vattenfall.[130] Doch die Speicherung des abgetrennten CO_2 in der nähe von Cottbus stößt noch auf Widerstand in der Bevölkerung, unterstützt von Umweltverbänden.[131] Ein weiteres Projekt ist ein IGCC Kraftwerk mit einer geplanten Leistung von 450 MW von RWE.[132] Die Inbetriebnahme des Kraftwerks wurde jedoch auf nach 2015 verschoben. RWE nennt als wesentliches Hemmnis die fehlende gesetzliche Regelung zur Nutzung von Speicherpotentialen sowie eine fehlende Akzeptanz der Technologie.[133] E.ON hat in Kooperation mit Siemens eine Testanlage zur Rauchgaswäsche im Jahr 2009 in Betrieb genommen und plant dieses Verfahren bis zum Jahr 2020 in einer großtechnischen Anlage umzusetzen.[134]

Die Speicherung von CO_2 wird erstmalig im Projekt CO_2 SINK in Ketzin (Brandenburg) unter Leitung des GFZ durchgeführt.[135] Bisher wurden 32588 t CO_2 in die Erde verpresst.[136]

4.3. Rechtsrahmen und Maßnahmen der Bundesregierung

Für die Bundesregierung stellt CCS eine Option in einem Bündel von Maßnahmen zur Senkung des CO_2 Ausstoßes in Deutschland dar.[137] Es wird beabsichtigt, geeignete Rahmenbedingungen zu schaffen und die Forschung und Entwicklung zu fördern, sodass die Technologie bis zum Jahr 2020 am Markt zur Verfügung steht.[138]

---

[127] Vgl. RECCS (2007), S. 34ff.
[128] Vgl. BMWi, BMU, BMBF (2007), S. 11f.
[129] Vgl. Fischedick et. al. (2007), S. 22.
[130] Vgl. BMWi, BMU, BMBF (2007), S. 14.
[131] Vgl. F.A.Z. (2010), S. 12.
[132] Vgl. BMWi, BMU, BMBF (2007), S. 14.
[133] Vgl. http://www.rwe.com/web/cms/de/2688/rwe/innovationen/stromerzeugung/clean-coal/igcc-ccs-kraftwerk/.
[134] Vgl. http://www.co2-handel.de/article340_12521.html.
[135] Vgl. BMWi, BMU, BMBF (2007), S. 14.
[136] Vgl. http://www.co2sink.org/
[137] Vgl. BMWi, BMU, BMBF (2007), S. 24.
[138] Vgl. BMWi, BMU, BMBF (2007), S. 4.

Eines der bedeutendsten Forschungsprogramme ist das COORTEC des BMWi, welches Forschungsanreize insbesondere zur verbesserten Kraftwerkseffizienz geben soll.[139] Desweiteren unterstützt die Bundesregierung mit dem GEOTECHNOLOGIEN-Programm des BMBF die Forschung im Bereich der Speicherkapazitäten, insbesondere im Hinblick auf die langfristige Stabilität, Überwachungs- und Injektionstechnologien und Methoden zur verbesserten Erdgasförderung (EGR).[140] Zur gesellschaftlichen Akzeptanz von CCS fördert das BMWi ein Forschungsvorhaben auf nationaler und internationaler Ebene, bei dem unter anderem ein Informationsaustausch von Umweltverbänden und Energieversorgern stattfindet.[141]

Darüberhinaus wurde im April 2009 der Gesetzesentwurf zum CCS-Gesetz vom Bundeskabinett zur Umsetzung der EU-Richtlinie verabschiedet. Mit diesem Entwurf soll es zunächst möglich sein, die Pilot- und Demonstrationsprojekte umzusetzen. Die Bundesregierung will sich beim Klimawandel primär an der Steigerung der Energieeffizienz und der Nutzung regenerativer Energien orientieren.[142]

5. KRITISCHE WÜRDIGUNG

Für eine Beurteilung der CCS Technologie ist es notwendig, CCS aus verschiedenen Perspektiven zu betrachten. Die wesentlichen Kriterien hierfür sind ökonomisch und ökologisch. Es ist grundsätzlich zu beachten, dass der Energiemehrbedarf und die Wirkungsgradverluste bei der Abschneidung des CO_2 zu einer Erhöhung des Energiebedarfs führen und die Kraftwerkstechnologie mehr Fläche benötigt. Besonders der erhöhte Brennstoffbedarf führt nicht nur zu einer Erhöhung des insgesamt produzierten CO_2, sondern auch zu einer erhöhten Erzeugung weiterer klimaschädlicher Treibhausgase (Methan, Distickoxid) und anderer Schadstoffe (Schwefeldioxid, Stickoxide, Kohlenmonxid). Der erhöhte Energiebedarf, insbesondere bei der Abtrennung führt zudem zu höheren Kosten.[143] Der Transport mit Fahrzeugen führt ebenfalls zu erhöhten Schadstoffemissionen. Zudem sind jegliche Formen des Transports ein weiterer Kostenfaktor.[144] Bei der Speicherung ist, neben den unterschiedlich hohen Kosten der Nutzung der Speicherstätten, aus ökologischer Sicht zu beachten, dass langfristig nicht sichere Lagerstätten Auswirkungen auf die regionale Umwelt und den CO_2 Minderungseffekt haben können.[145]

Aus ökonomischer Sicht haben *van der Zwaan und Gerlagh* gezeigt, dass eine Diffusion von CO_2 aus der Lagerstätte auch bei relativ hohen Raten (0,5-1% p.a.) die Rentabilität von CCS-Systemen nicht wesentlich beeinflussen.[146] Die gesamten Kosten für Transport und Speicherung hängen

---

[139] Vgl. BMWi, BMU, BMBF (2007), S. 4.
[140] Vgl. BMWi, BMU, BMBF (2007), S. 11.
[141] Vgl. BMWi, BMU, BMBF (2007), S. 19.
[142] Vgl. Pressemitteilung des BMU (2009).
[143] Vgl. Hanke/ Schüwer (2007), S. 94.
[144] Vgl. Hanke/ Schüwer (2007), S. 98f.
[145] Vgl. Hanke/ Schüwer (2007), S. 102ff.
[146] Vgl. van der Zwaan/ Gerlagh (2008), S. 17.

jedoch insgesamt stark von der Lagerstätte an sich ab, sodass die ökonomische Vorteilhaftigkeit von CCS von den einzelnen Gegebenheiten abhängt.[147]

Allerdings wird ein Großteil der von uns benötigten Energie über fossile Primärenergieträger erzeugt. Dieser Trend wird sich auch voraussichtlich bis zur Mitte des Jahrhunderts fortsetzen.[148] Die unvermeidliche Nutzung fossiler Brennstoffe könnte durch CCS klimafreundlicher gestaltet werden.[149] Um jedoch eine Stabilisierung der CO_2 Konzentration in der Atmosphäre zu erreichen, müssten weltweit Hunderte bis Tausende CCS-Systeme mit enormer Speicherkapazität installiert werden.[150] Nach Angaben des IPCC sei das Potential ausreichender Kapazitäten gegeben. CCS könnte sich bei ausreichender Forschung und Entwicklung als wettbewerbsfähig gegenüber anderen Technologien erweisen und ab der Mitte des Jahrhunderts einen wesentlichen Beitrag zu Verminderung der CO_2 Emissionen leisten.[151] Analysen zur Entwicklung von CCS von *Aune et. al.* und *Golombek et. al.* weisen darauf hin, dass eine Entwicklung von CCS, je nach politischer Unterstützung und Entwicklung der CO_2 Preise, ab dem Jahr 2030 eine bedeutende Rolle im Energiemarkt einnehmen kann. Es scheint dann möglich, nahezu alle Kraftwerke ohne CCS durch CCS Kraftwerke zu ersetzen und bis zum Jahr 2030 die Entwicklung von erneuerbaren Energien nicht wesentlich zu beschränken.[152] *Van der Zwaan und Gerlag*h halten ebenfalls eine Verdrängung von regenerativen Energien durch CCS für unwahrscheinlich.[153] Dennoch ist in Betracht zu ziehen, dass die Einführung von CCS grundsätzlich das Entwicklungspotential von alternativen Energiequellen reduzieren kann.[154]

Grimaud et. al. sehen CCS u. a. eher als eine mittelfristige Strategie, da langfristig der Klimawandel nur durch Energieeinsparungen aufgehalten werden kann.[155]

Insgesamt führen Kritiker von CCS an, dass die Technologie durch die späte Einsetzbarkeit kurz- bis mittelfristig keinen Beitrag zur CO_2 Minderung leisten kann, zudem Energie verschwende, teuer sei und die Risiken die zu einer späteren Umweltbelastung führen können nicht aus ausreichend erforscht und absehbar seien.[156]

Nach *Sinn* ist CCS aufgrund der begrenzten Speichermöglichkeiten wenig sinnvoll, um das Klimaziel zu erreichen. Begründet wird dies mit der deutlich größeren molekularen Struktur von CO_2 gegenüber den Kohlenstoffen die in der Erde einlagern.[157]

Für Deutschland bietet CCS jedoch die Möglichkeit, den hohen Anteil der fossilen Energieträger bei der Energieerzeugung, der in der nächsten Zeit weiterhin hoch bleiben wird, klimafreundlicher

---

[147] Vgl. McCoy (2004).
[148] Vgl. IPCC (2005), S. 3.
[149] Vgl. BMWi, BMU, BMBF (2007), S. 20.
[150] Vgl. IPCC (2005), S. 12
[151] Vgl. IPCC (2005).
[152] Vgl. Aune et. al. (2009), S. 24f. sowie Golombek et. al. (2009), S. 19ff.
[153] Vgl. van der Zwaan/ Gerlagh (2008), S. 16.
[154] Vgl. Edmonds et. al. (2001), zitiert aus IPCC (2005), S. 68.
[155] Vgl. Grimaud et. al. (2009).
[156] Vgl. Greenpeace (2008).
[157] Vgl. Sinn (2008), S. 297ff.

zu nutzen.[158] Die Entwicklung von CCS in Deutschland hängt, wie in anderen Länder auch, stark vom institutionellen Rahmen und einer künftigen Entwicklung der CO_2 Preise, die die Wettbewerbsfähigkeit beeinflussen, ab.[159]

Da sich CCS noch in der Forschungs- und Entwicklungsphase befindet ist die Technologie momentan nicht voll einsatzbereit. Allerdings werden in den nächsten Jahren insbesondere in Deutschland viele Kraftwerke erneuert werden müssen.[160] Es wird deshalb zunächst die Errichtung von „Capture Ready" Kraftwerken sinnvoll sein.[161] Für Deutschland stellt CCS nach häufiger Meinung eine Brückentechnologie dar, da eine nachhaltige Beeinflussung des Klimas langfristig nur über regenerative Energien möglich ist.[162] Der Ausbau der regenerativen Energien benötigt ebenfalls Zeit. CCS stellt für die Übergangszeit eine Zusatzoption dar, insbesondere dann, wenn sich der Ausbau der regenerativen Energien verzögert.[163] Das Potential von CCS für Deutschland, welches durchaus besteht ist nach Meinung von *Narita* allerdings nicht auf Kosten der Entwicklung regenerativer Energien zu fördern.[164] Es ist jedoch fraglich, ob heutiger ökonomischer Sicht, ohne eine Subvention von CCS in Zukunft ein Anreiz für CCS besteht, die Technologie dem weiteren Ausbau regenerativer Energien vorzuziehen.[165] Vor allen Dingen, wenn davon ausgegangen wird, dass auch regenerative Energien bis zur Marktreife von CCS im Jahr 2020 ebenfalls Kostensenkungspotentiale haben werden.[166]

Meines Erachtens ist es möglich durch CCS Kohlekraftwerke in Deutschland mittelfristig emissionsärmer zu gestalten, es muss jedoch sichergestellt sein, dass bestehende Risiken für die Umwelt insbesondere bei der Lagerung begrenzt werden können. Eine Förderung der CCS Technologie sollte zudem nicht zum Nachteil von anderen Energieeffizienzmaßnahmen und regenerativen Energien gestaltet werden.

6. FAZIT

Carbon Capture and Storage ist die Abschneidung und Einlagerung von CO_2. Das derzeitige technologische Potential besteht in erster Linie darin, CO_2 bei der Energieerzeugung in Kraftwerken abzuschneiden und in geologischen Formationen zu speichern und damit den CO_2 Kreislauf zu verlangsamen. Entscheidend für die Nutzung des Potentials ist es, dass ein rechtlicher und regulatorischer Rahmen gegeben ist, der zusätzlich mit der Technologie verbundene Risiken minimiert. Zudem führt CCS zu höheren Kosten, insbesondere durch einen erhöhten Energieaufwand und Wirkungsgradverluste. Diese Kosten können nur durch noch höhere CO_2 Preise aufgewogen

---

[158] Vgl. BMWi, BMU, BMBF (2007), S. 20.
[159] Vgl. Praetorius/ Schumacher (2008), S. 28ff.
[160] Vgl. Grünwald (2008), S. 61.
[161] Vgl. Praetorius/ Schumacher (2008), S. 29.
[162] Vgl. Fischedick et. al. (2007), S. 23 und Praetorius/ Schumacher (2008), S. 32 sowie Treber/ Bals (2009), S. 10.
[163] Vgl. Fischedick et. al. (2007), S. 23.
[164] Vgl. Narita (2009).
[165] Vgl. RECCS (2007), S. 33.
[166] Vgl. RECCS (2007), S. 36.

werden. Wird der CO_2 Ausstoß weiter reguliert und erhöhen sich die Kosten zur CO_2 Vermeidung, kann CCS zusätzlich zu Maßnahmen zur Energieeffizienz und dem Ausbau anderer CO_2 armer Technologien insbesondere in Deutschland zusätzlich CO_2 Emissionen mindern und einen Beitrag zur Verminderung des Klimas leisten.

Tabelle 1: Großtechnische Anlagen mit der Möglichkeit der Integration von CCS, weltweite Aktivität und jährliche CO_2 Emissionen in Mio. t pro Jahr

Prozess	Anzahl an Quellen	Emission in Mio. t CO_2 pro Jahr
Fossile Energietäger		
Energieerzeugung	4942	10539
Zement Produktion	1175	932
Raffinerien	638	798
Eisen und Stahlproduktion	269	646
Petrochemische Industrie	470	379
Öl und Gas Verarbeitung	Nicht verfügbar	50
Andere Quellen	90	33
Biomasse		
Bioethanol und Bioenergie	303	91
Gesamtsumme	**7887**	**13466**

Quelle: IPCC (2005), S. 3.

Abbildung 1: Schematische Darstellung eines möglichen CCS Systems

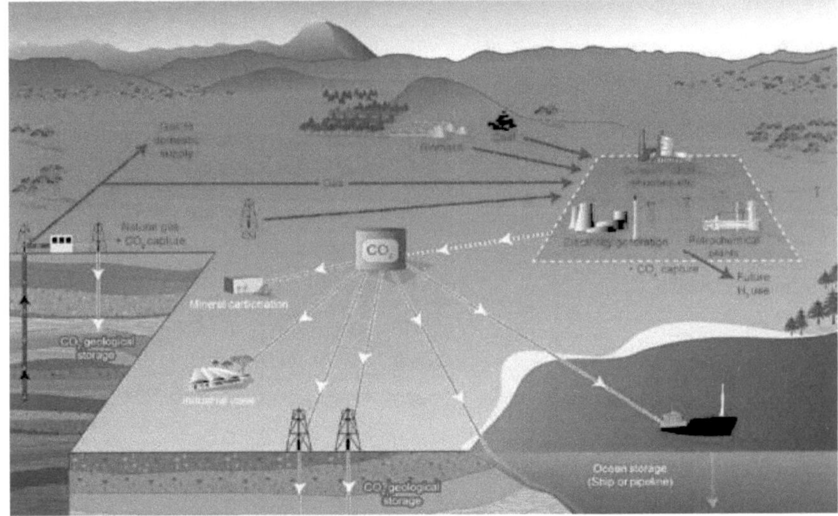

Quelle: IPCC (2005), S. 4

Abbildung 2: Nettoeffekt der CO₂ Vermeidung durch CCS Kraftwerke

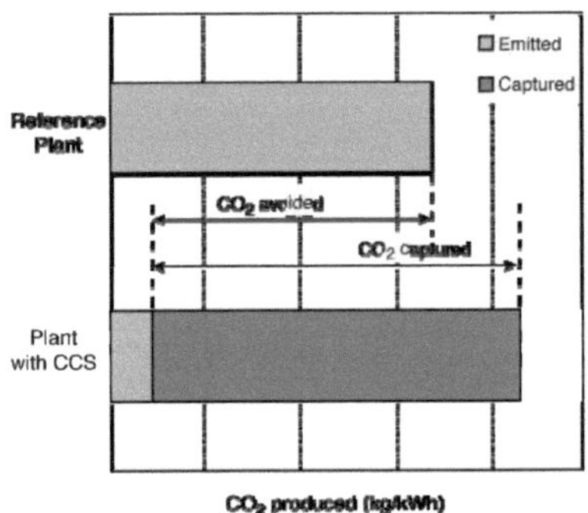

Quelle: IPCC (2005), S. 4

Tabelle 2: Einsatzmöglichkeiten der CCS- Technologie und Stand der Entwicklung

Table SPM.2. Current maturity of CCS system components. The X's indicate the highest level of maturity for each component. For most components, less mature technologies also exist.

CCS component	CCS technology	Research phase [13]	Demonstration phase [7]	Economically feasible under specific conditions [5]	Mature market [6]
Capture	Post-combustion			X	
	Pre-combustion			X	
	Oxyfuel combustion		X		
	Industrial separation (natural gas processing, ammonia production)				X
Transportation	Pipeline				X
	Shipping			X	
Geological storage	Enhanced Oil Recovery (EOR)				X[a]
	Gas or oil fields			X	
	Saline formations			X	
	Enhanced Coal Bed Methane recovery (ECBM)		X		
Ocean storage	Direct injection (dissolution type)	X			
	Direct injection (lake type)	X			
Mineral carbonation	Natural silicate minerals	X			
	Waste materials		X		
Industrial uses of CO_2					X

[a] CO_2 injection for EOR is a mature market technology, but when this technology is used for CO_2 storage, it is only 'economically feasible under specific conditions'

[14] Industrial uses of CO_2 refer to those uses that do not include EOR, which is discussed in paragraph 7.

Quelle: IPCC (2005), S. 8.

Abbildung 3: Verfahren zur CO_2 Abschneidung

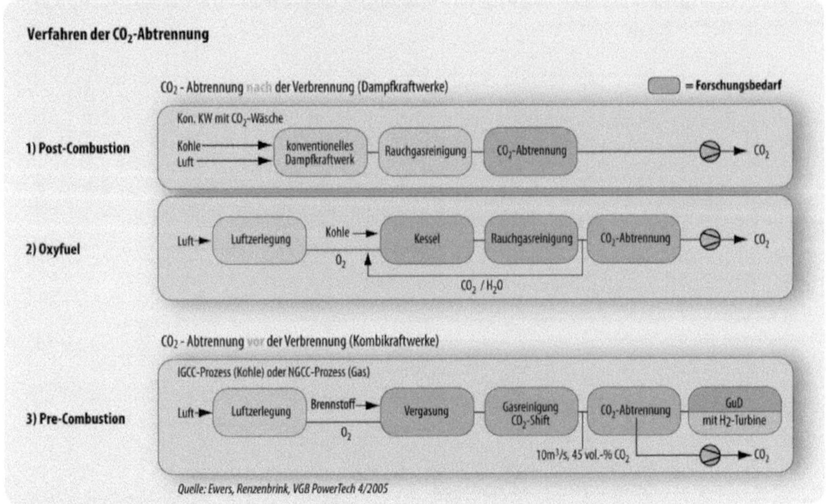

Quelle: Ewers, Renzenbrink, VGB PowerTech 4/2005 aus Fischedick et. al. (2007), S. 12.

Tabelle 3: Momente die eine Durchsetzung von CCS beeinflussen

Ereignismoment	Positiv für CCS	Negativ für CCS	Ausschlusskriterium
Langfristige Kostenentwicklung von CCS und anderen Klimaschutzoptionen	Mögliche günstige Kostenentwicklung und hohe Lerneffekte		Durchbruch neuer Technologien zur regenerativen Energieerzeugung
Entwicklung von Zertifikatspreisen	Hohe Zertifikatspreise	Niedrige Zertifikatspreise	Dauerhaft niedrige Zertifikatspreise
Hohe Leakage-Raten und Monitoringkosten		x	
Haftungsfragen	Staatliche Haftung	Betreiberhaftung	
Politische Rahmensetzung	Förderliche staatliche Intervention durch Gesetze und Emissionsstandards	Hemmende Intervention des Staates	
Einbindung in ein internationales Regelwerk	Internationales Regelwerk	Kein internationales Regelwerk	Kein internationales Regelwerk
Öffentliche Aktzeptanz	Eine Vielzahl von Faktoren auf verschiedenen Ebenen beeinflussen die Durchsetzung von CCS		
Punktuelle Ereignisse		„spektakuläre" Unfälle	
Entstehung neuer Abhängigkeitsbeziehungen			Zusätzliche Abhängigkeit Deutschlands von ausländischem Speicherpotential
Inkongruenzen zwischen Kraftwerkserneuerung und Technologieentwicklung		Verfügbarkeit der Technologie zur Abtrennung und anstehender Kraftwerksbedarf fallen auseinander	Verfügbarkeit der Technologie zur Abtrennung und anstehender Kraftwerksbedarf fallen auseinander
Eingeschränkte Flächenverfügbarkeit		Verfügbare Fläche für neue oder nachgerüstete Kraftwerke ist in dicht besiedelten Gebieten zu gering	Verfügbare Fläche für neue oder nachgerüstete Kraftwerke ist in dicht besiedelten Gebieten zu gering
Genehmigungspraxis auf nationaler Ebene		Kompetenzverteilung auf Bund, Länder und Kommunen in bergbau- sowie wege- und sicherheitsrechtlichen	

		Fragen	
Drastische Verschärfung von Klimawandeleffekten	x		
Beitritt der USA zum Kyoto-Protokoll	Starker Rückhalt der Technologie in den USA kann sich förderlich auswirken		
Ambitionierte Ausgestaltung der Post-Kyoto-Ziele	x		

Quelle: In Anlehnung an Hanke/ Schüwer (2007), S. 116f.

Tabelle 4: Übersicht unterschiedlicher Kraftwerksperformance und Kosten bei CO_2 Abschneidung

Table 8.1 Summary of new plant performance and CO_2 capture cost based on current technology.

Performance and Cost Measures	New NGCC Plant: Range low	high	Rep. Value	New PC Plant: Range low	high	Rep. Value	New IGCC Plant: Range low	high	Rep. Value	New Hydrogen Plant: Range low	high	Rep. Value	(Units for H_2 Plant)
Emission rate without capture (kg CO_2 MWh^{-1})	344	379	367	736	811	762	682	846	773	78	174	137	kg CO_2 GJ^{-1} (without capture)
Emission rate with capture (kg CO_2 MWh^{-1})	40	66	52	92	145	112	65	152	108	7	28	17	kg CO_2 GJ^{-1} (with capture)
Percent CO_2 reduction per kWh (%)	83	88	86	81	88	85	81	91	86	72	96	86	% reduction/unit of product
Plant efficiency with capture, LHV basis (%)	47	50	48	30	35	33	31	40	35	52	68	60	Capture plant efficiency (% LHV)
Capture energy requirement (% more input MWh^{-1})	11	22	16	24	40	31	14	25	19	4	22	8	% more energy input per GJ product
Total capital requirement without capture (US$ kW^{-1})	515	724	568	1161	1486	1286	1169	1565	1326	[No unique normalization for multi-product plants]			Capital requirement without capture
Total capital requirement with capture (US$ kW^{-1})	909	1261	998	1894	2578	2096	1414	2270	1825				Capital requirement with capture
Percent increase in capital cost with capture (%)	64	100	76	44	74	63	19	66	37	-2	54	18	% increase in capital cost
COE without capture (US$ MWh^{-1})	31	50	37	43	52	46	41	61	47	6.5	10.0	7.8	H_2 cost without capture (US$ GJ^{-1})
COE with capture only (US$ MWh^{-1})	43	72	54	62	86	73	54	79	62	7.5	13.3	9.1	H_2 cost with capture (US$ GJ^{-1})
Increase in COE with capture (US$ MWh^{-1})	12	24	17	18	34	27	9	22	16	0.3	3.3	1.3	Increase in H_2 cost (US$ GJ^{-1})
Percent increase in COE with capture (%)	37	69	46	42	66	57	20	55	33	5	33	15	% increase in H_2 cost
Cost of CO_2 captured (US$/t$CO_2$)	33	57	44	23	35	29	11	32	20	2	39	12	US$/t$CO_2$ captured
Cost of CO_2 avoided (US$/t$CO_2$)	37	74	53	29	51	41	13	37	23	2	56	15	US$/t$CO_2$ avoided
Capture cost confidence Level (see Table 3.7)	moderate			moderate			moderate			moderate to high			Confidence Level (see Table 3.7)

COE = Cost of electricity

Notes: [illegible]

Chapter 8: Cost and economic potential

343

Quelle: IPCC (2005), S. 343.

Tabelle 5: Übersicht der Kosten des gesamten CCS Systems bei unterschiedlichen Kraftwerken

Table 8.3a Range of total costs for CO_2 capture, transport, and geological storage based on current technology for new power plants.

	Pulverized Coal Power Plant	Natural Gas Combined Cycle Power Plant	Integrated Coal Gasification Combined Cycle Power Plant
Cost of electricity without CCS (US$ MWh^{-1})	43-52	31-50	41-61
Power plant with capture			
Increased Fuel Requirement (%)	24-40	11-22	14-25
CO_2 captured (kg MWh^{-1})	820-970	360-410	670-940
CO_2 avoided (kg MWh^{-1})	620-700	300-320	590-730
% CO_2 avoided	81-88	83-88	81-91
Power plant with capture and geological storage[6]			
Cost of electricity (US$ MWh^{-1})	63-99	43-77	55-91
Electricity cost increase (US$ MWh^{-1})	19-47	12-29	10-32
% increase	43-91	37-85	21-78
Mitigation cost (US$/tCO$_2$ avoided)	30-71	38-91	14-53
Mitigation cost (US$/tC avoided)	110-260	140-330	51-200
Power plant with capture and enhanced oil recovery[7]			
Cost of electricity (US$ MWh^{-1})	49-81	37-70	40-75
Electricity cost increase (US$ MWh^{-1})	5-29	6-22	(-5)-19
% increase	12-57	19-63	(-10)-46
Mitigation cost (US$/tCO$_2$ avoided)	9-44	19-68	(-7)-31
Mitigation cost (US$/tC avoided)	31-160	71-250	(-25)-120

[6] Capture costs represent range from Tables 3.7, 3.9 and 3.10. Transport costs range from 0–5 US$/tCO$_2$. Geological storage cost (including monitoring) range from 0.6–8.3 US$/tCO$_2$.

[7] Capture costs represent range from Tables 3.7, 3.9 and 3.10. Transport costs range from 0–5 US$/tCO$_2$ stored. Costs for geological storage including EOR range from −10 to −16 US$/tCO$_2$ stored.

Quelle: IPCC (2005), S. 347.

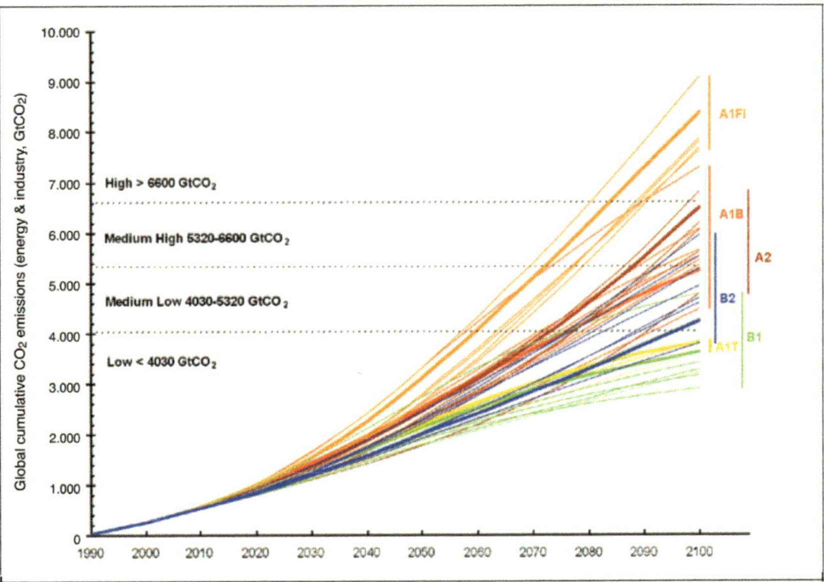

Figure 8.3 Annual and cumulative global emissions from energy and industrial sources in the SRES scenarios (GtCO$_2$). Each interval contains alternative scenarios from the six SRES scenario groups that lead to comparable cumulative emissions. The vertical bars on the right-hand side indicate the ranges of cumulative emissions (1990–2100) of the six SRES scenario groups.

Quelle: IPCC (2005), S. 350.

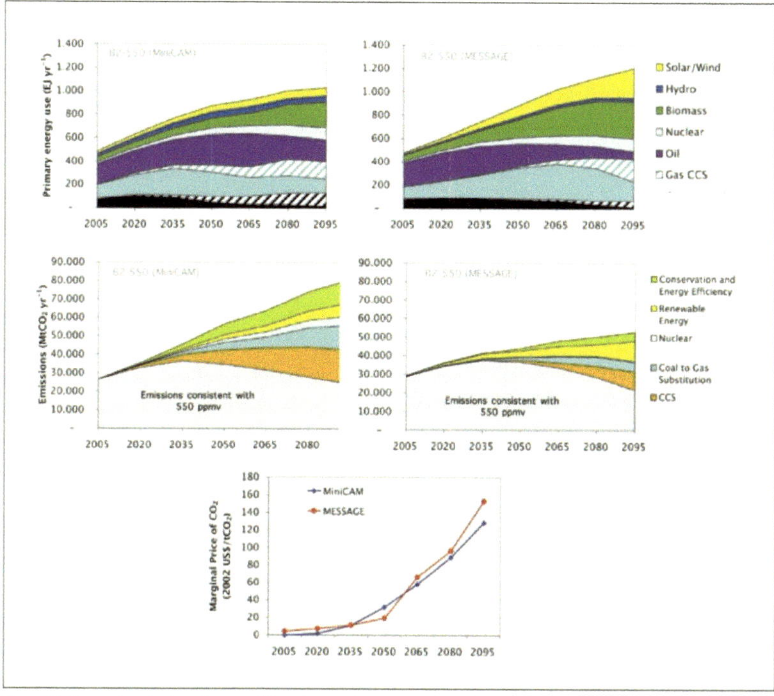

Figure 8.4 The set of graphs shows how two different integrated assessment models (MiniCAM and MESSAGE) project the development of global primary energy (upper panels) and the corresponding contribution of major mitigation measures (middle panels). The lower panel depicts the marginal carbon permit price in response to a modelled mitigation regime that seeks to stabilize atmospheric concentrations of CO_2 at 550 ppmv. Both scenarios adopt harmonized assumptions with respect to the main greenhouse gas emissions drivers in accordance with the IPCC-SRES B2 scenario (Source: Dooley et al., 2004b; Riahi and Roehrl, 2000).

7. QUELLE: IPCC (2005), S. 352.

LITERATURVERZEICHNIS

Aune, Finn Roar/ Liu, Gang/ Rosendahl, Knut Einar/ Sagen, Eirik Lund (2009): Subsidising carbon capture – Effekts on energy prices and market shares in the power market, Statistics Norway, Research Departement, Discussion Papers, No. 595, October 2009.

Bakker, Stefan/ De Coninck, Heleen/ Groenenberg, Heleen (2009): Progress on including CCS projects in the CDM: Insights on increased awareness, market potential and baseline methodologies, in: International Journal of Greenhouse Gas Control, 4, 2010, S. 321-326.

Benson, Sally M./ Hoversten, Mike/ Gasperikova, Erika/ Haines, Michael (2004): Monitoring Protocols and Life-Cycle Costs for Geologic Storage of Carbon Dioxide, URL: http://uregina.ca, zuletzt abgerufen am 29.03.2010.

BMU (2007): Zukunftsmarkt CO_2-Abschneidung und –Speicherung, Fallstudie im Auftrag des Umweltbundesamtes im Rahmen des Forschungsprojekts Innovative Umweltpolitik in wichtigen Handlungsfeldern, durchgeführt von Fraunhofer-Insitut für System- und Innovationsforschung (ISI), Karlsruhe, Autor: Clemens Cremer, Hrsg. Umweltbundesamt (UBA), Dezember 2007.

BMWi, BMU, BMBF (2007): Entwicklungsstand und Perspektiven von CCS – Technologien in Deutschland – Gemeinsamer Bericht des BMWi, BMU und BMBF für die Bundesregierung, 19. September 2007.

Greenpeace (2008): False Hope – Why carbon capture and storage won´t save the climate, Greenpeace International, Amsterdam, 2008.

Grünwald, Reinhard (2008): Treibhausgas – ab in die Versenkung? Möglichkeiten und Risiken zur Abschneidung und Lagerung von CO_2 , Berlin, 2008.

Edenhofer, Ottmar/ Knopf, Brigitte/ Kalkuhl, Matthias (2009): CCS: CO_2-Sequestierung: Ein wirksamer Beitrag zum Klimaschutz?, in: Ifo-Schnelldienst 3/2009, S. 3-6.

F.A.Z. (2010): Frankfurter Allgemeine Zeitung, Ausgabe vom 01.04.2010, Nr. 77.

Fischer, Bernhard (2009): CO_2-Abschneidung und Speicherung: Ein wichtiger Beitrag für den Klimaschutz!, in: Ifo-Schnelldienst 3/2009, S. 7-9.

Fischedick, Manfred/ Esken, Andrea/ Luhmann, Hans-Jochen/ Schüwer, Dietmar/ Supersberger, Nikolaus (2007): Geologische CO_2-Speicherung als klimapolitische Handlungsoption – Technologien, Konzepte, Perspektiven, Wuppertal Spezial 35, Wuppertal Institut 2007.

Golombek, Rolf/ Greaker, Mads/ Kittelsen, Sverre A.C./ Røgeberg, Ole/ Aune, Finn Roar (2009): Carbon capture and storage technologies in the European power market, Statistics Norway, Research Departement, Discussion Papers, No. 603, December 2009.

Grimaud, André/ Lafforgue, Gilles/ Magné, Bertrand (2009): Climate Change Mitigation Options and Directed Technical Change: A Decentralized Equilibrium Analysis, CESIFO Working Paper No. 2875, December 2009.

Ha-Duong, Minh/ Keith, David W. (2003): Carbon storage: the economic efficiency of storing CO_2 leaky reservoirs, in: Clean Techn Environ Policy, 5, 2003, S. 181-189.

Hanke, Thomas/ Schüwer, Dietmar (2007): Rahmen- und Strukturbedingungen von Zukunftstechnologien am Beispiel der CCS-Technologie, in: Pfaffenberger, Wolfgang/ Ströbele, Wolfgang (Hrsg.): Umwelt- und Ressourcenökonomik, Band 24, Berlin, 2007, S. 91-119.

Henricks, Chris./ Graus, Wina./van Bergen, Frank. (2004): Global Carbon Dioxide Storage Potential and Costs, URL: www.ecofys.com/com/publications/documents/GlobalCarbonDioxideStorage.pdf, zuletzt abgerufen am 01.04.2010.

IPCC (2005): Special Report on Carbon Dioxide Capture and Storage, A Special Report of Working Group III of the Intergovernmental Panel on Climate Change, Edited by Metz, B., Davidson, O., de Coninck, H., Loos, M., Meyer, L., Cambridge University Press, Cambridge, New York, Melbourne, Madrid, Cape Town, Singapore, São Paulo, 2005.

Lindner, Sören/ Peterson, Sonja/ Windhorst, Wilhelm (2009): An Economic and Environmental Assessment of Carbon Capture and Storage (CCS) Power Plants – A Case Study for the City of Kiel, Kiel Working Papers No. 1527, Juni 2009.

Lontzek, Thomas, S./ Rickels, Wilfried (2008): Carbon Capture and Storage & the Optimal Path of the Carbon Tax, Kiel Working Papers, No. 1475, Dezember 2008.

Martinsen, Dag/ Linssen, Jochen/ Markewitz, Peter/ Vögele, Stefan (2006): CCS: A future CO_2 mitigation option for Germany? – A bottom-up approach, in: Energy Policy 35, 2007, S. 2110-2120.

McCoy, Sean (2004): A Technical and Economic Assessment of Transport and Storage of CO_2 in Deep Saline Aquifers for Power Plant Greenhouse Gas Control, Carnegie Mellon Electricity Industry Center Working Paper CEIC-05-02.

Narita, Daiju (2008): The Use of CCS in Global Carbon Management: Simulation with the DICE Model, Kiel Working Papers, No. 1440, August 2008.

Narita, Daiju (2009): Economic Optimality of CCS Use: A Resource-Economic Model, Kiel Working Papers, No. 1508, April 2009.

Praetorius, Barbara/ Schumacher, Katja (2008): Greenhouse Gas Mitigation in a Carbon Contrained World: The Rold of Carbon Capture and Storage, DIW Berlin Discussion Papers, Nr. 820, September 2008.

Pressemitteilung des BMU (2009): Bundeskabinett beschließt CCS-Gesetz, Pressemitteilung Nr. 102/09, Berlin, 01.04.2009, URL: http://www.bmu.de/pressearchiv/16_legislaturperiode/pm/43635.php, zuletzt abgerufen am 01.04.2010.

RECCS (2007): Strukturell-ökonomisch-ökologischer Vergleich regenerativer Energie- technologien (RE) mit Carbon Capture and Storage (CCS), Projekttitel „Ökologische Einordnung und strukturell-ökonomischer Vergleich regenerativer Energietechnologien mit anderen Optionen zum Klimaschutz, speziell der Rückhaltung und Speicherung von Kohlendioxid bei der Nutzung fossiler Primärenergien", (Hrsg.): Bundesministerium für Umwelt , Naturschutz und Reaktorsicherheit (BMU), Inhaltliche Bearbeitung: Wuppertal Institut für Klima, Umwelt, Energie GmbH (WI), Deutsches Zentrum für Luft- und Raumfahrt (DLR) Institut für Technische Thermodynamik, Zentrum für Sonnenenergie- und Wasserstoff Forschung (ZSW), Potsdam-Institut für Klimafolgenforschung (PIK), Wuppertal 2007.

Rubin, Edward S./ Chen, Chao/ Rao Anand B. (2007): Cost and performance of fossil fuel power plants with CO_2 capture and storage, in: Energy Policy 35, 2007, S. 4444-4454.

Schumacher, Katja/ Sands, Ronald (2009): Greenhouse gas mitigation in a carbon constrained world – the role of CCS in Germany, in: Energy Procedia, 1, 2009, S. 3755-3762.

Sinn, Hans-Werner (2008): Das grüne Paradoxon – Plädoyer für eine illusionsfreie Klimapolitk, Berlin 2008.

Terwel, Bart W./ Harnick, Fieke/ Ellemers, Naomi/ Daamen, Dancker D. L. (2009): Competency-Based and Integrity-Based Trust as Predictors of Acceptance or Carbon Dioxide Capture and Storage (CCS), in: Risk Analysis, Vol. 29, No. 8, 2009, S. 1129-1140.

Treber, Manfred/ Bals, Christoph (2009): Sind ambitionierte Klimaschutzziele weltweit ohne CCS realisierbar?, in: Ifo-Schnelldienst 3/2009, S. 10-12.

Van der Zwaan, Bob/ Gerlagh, Reyer (2008): The Economics of Geological CO_2 Storage and Leakage, CCMP Climate Change Modelling and Policy, 2008, URL: http://ssrn.com/abstract=1105059, zuletzt abgerufen am 10.03.2010.

Vattenfall (2010): Tief im Untergrund: Saline Aquifere als Speicher für CO_2, URL: http://www.vattenfall.de/www/vf/vf_de/225583xberx/228407klima/228587co2-f/390197trans/1587743speic/index.jsp, zuletzt abgerufen am 26.03.2010.

http://www.oekosystem-erde.de/html/kohlenstoffkreislauf.html, zuletzt abgerufen am 01.04.2010.

http://www.euractiv.com/de/klimawandel/wissenschaftliche-erkenntnisse-klimawandel/article-162917, zuletzt abgerufen am 02.04.2010.

http://www.350.org/de/die-wissenschaftlichen-hintergr%C3%BCnde-f%C3%BCr-350, zuletzt abgerufen am 02.04.2010.

http://www.rwe.com/web/cms/de/2688/rwe/innovationen/stromerzeugung/clean-coal/igcc-ccs-kraftwerk/, zuletzt abgerufen am 02.04.2010.

http://www.co2-handel.de/article340_12521.html, zuletzt abgerufen am 02.04.2010.

http://www.co2sink.org/, zuletzt abgerufen am 02.04.2010